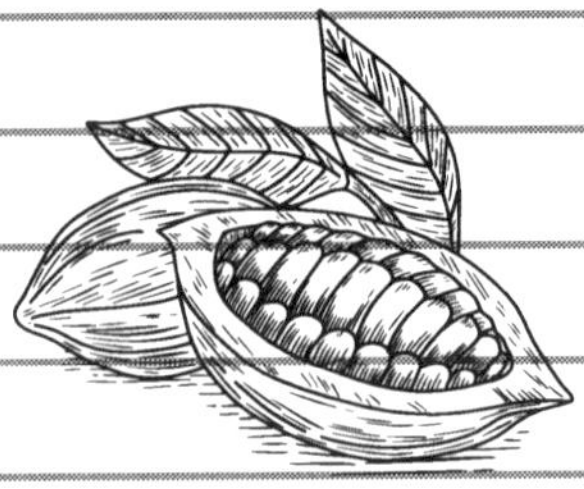

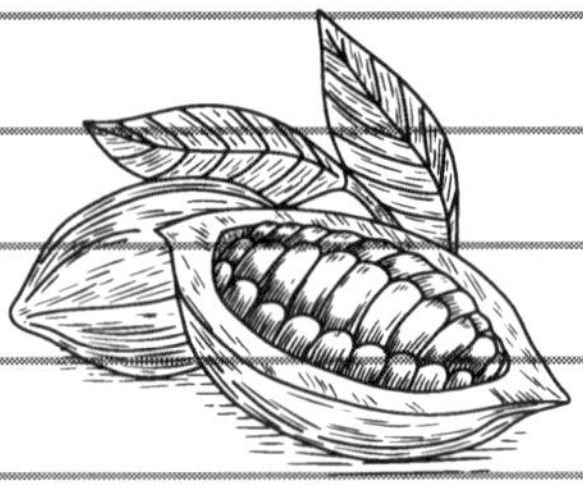

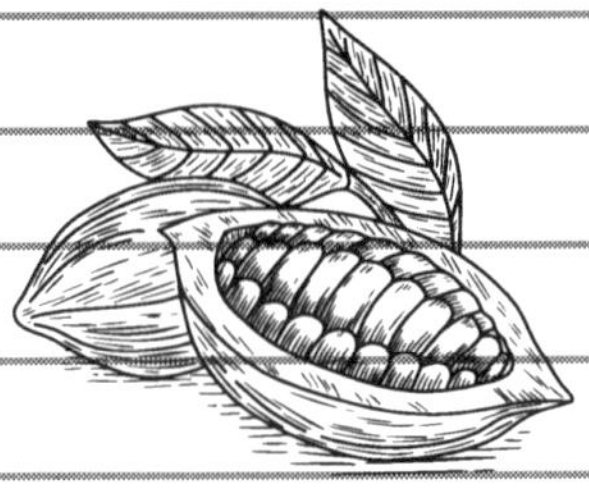

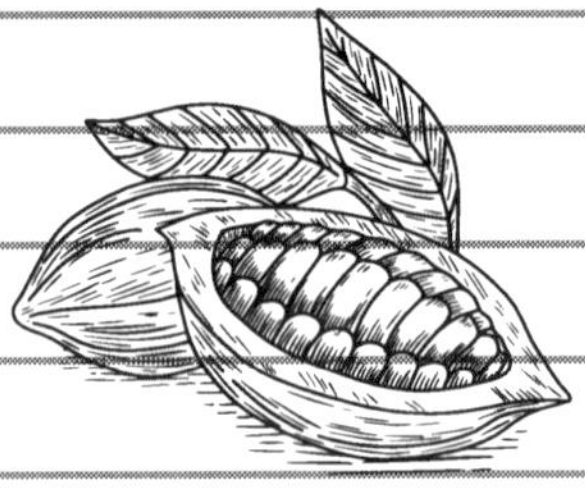

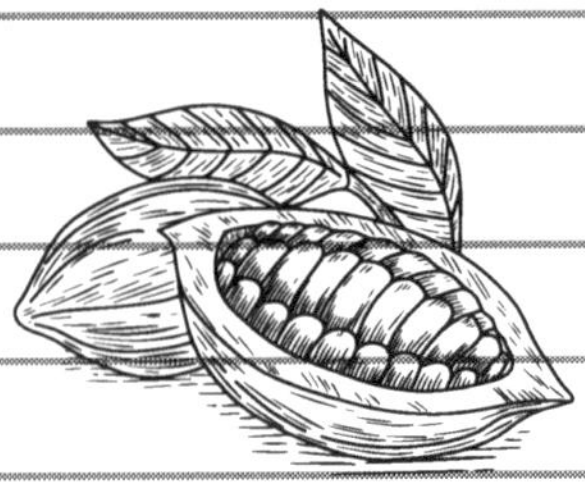

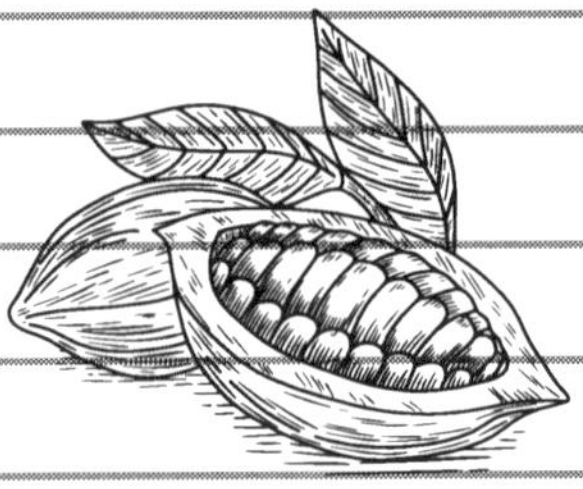

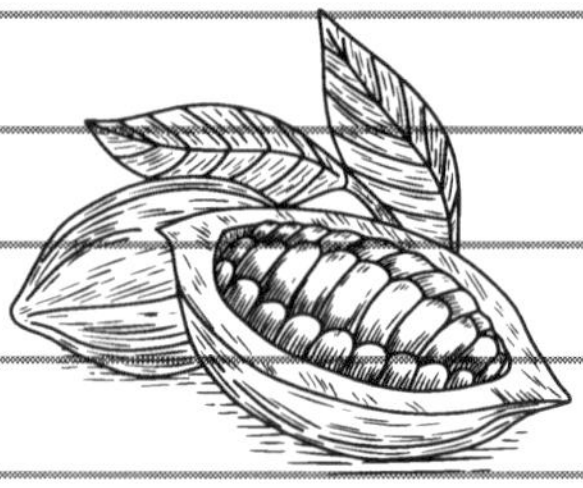

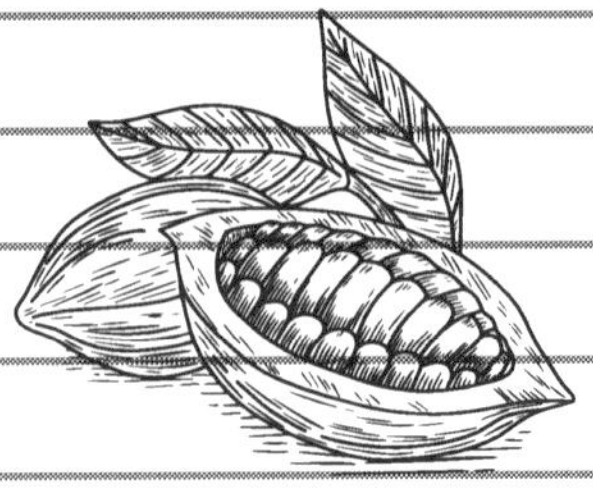

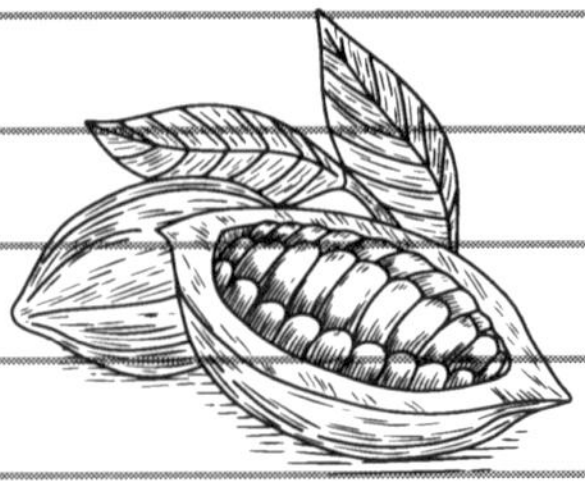

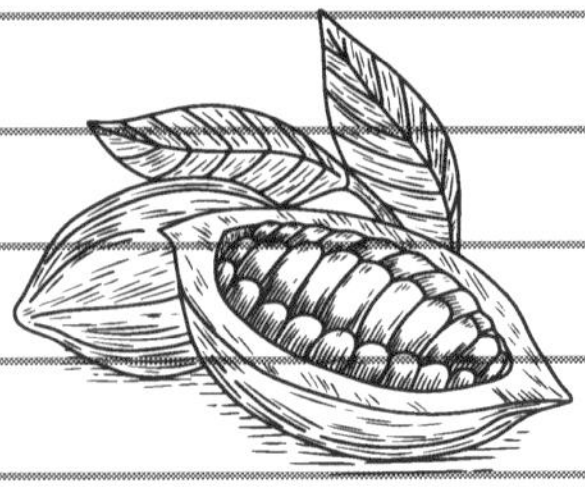

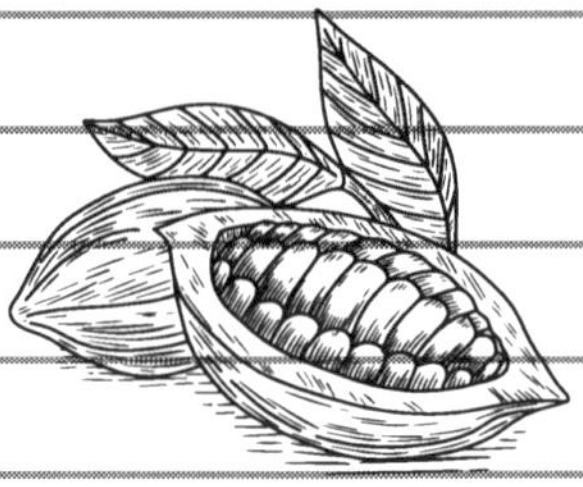

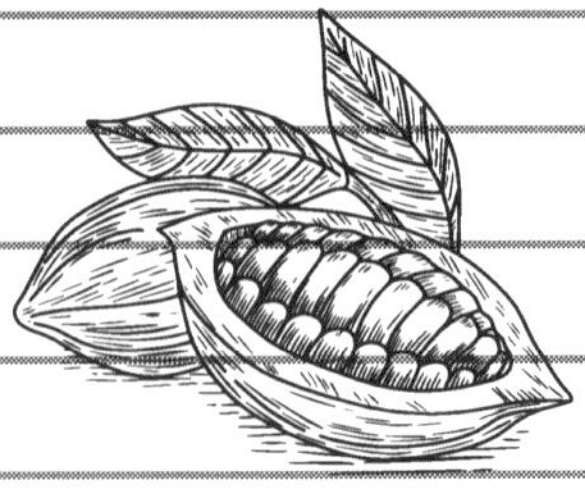

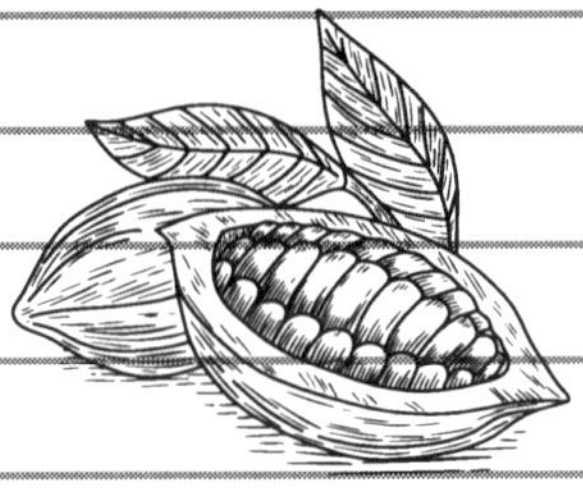

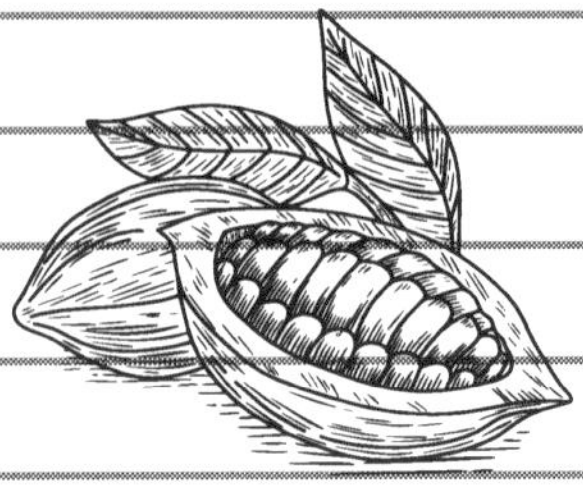

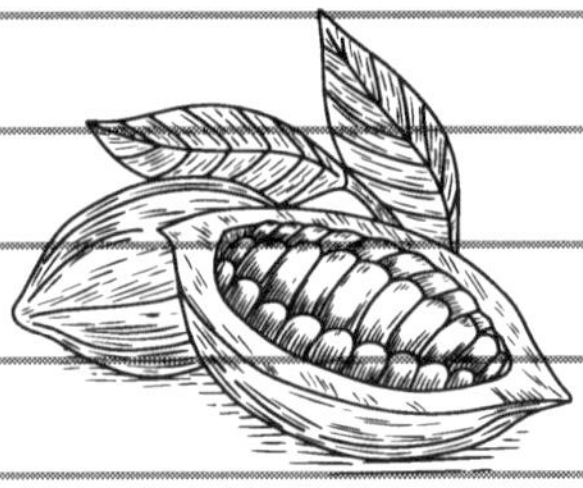

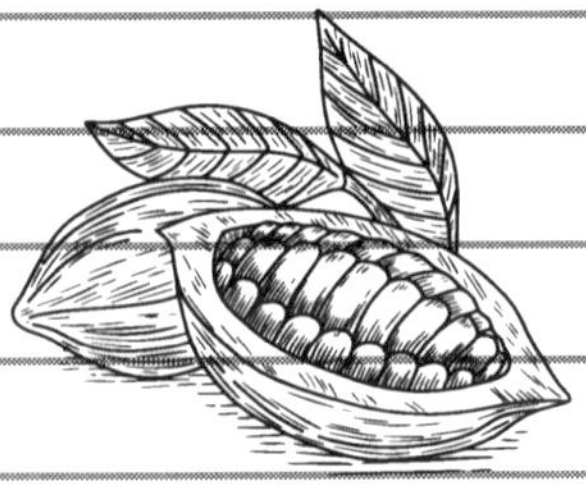

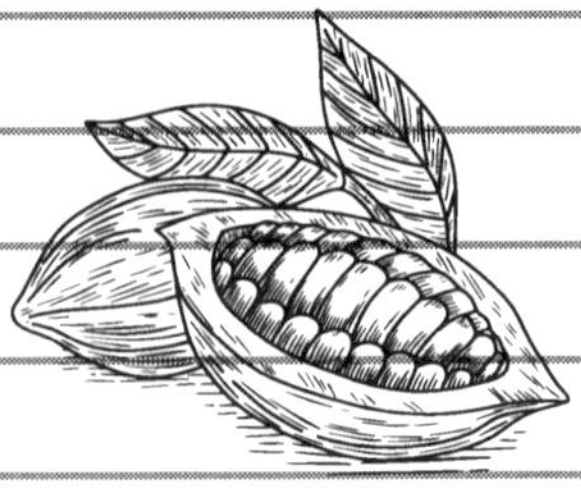

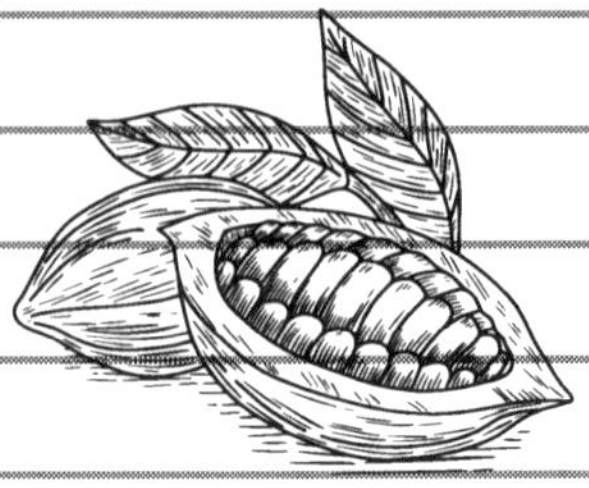

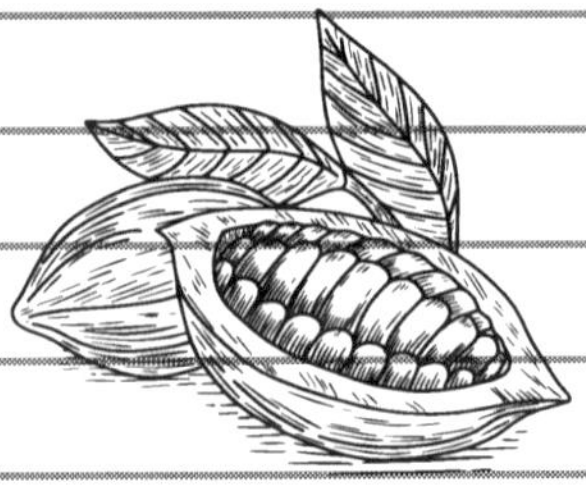

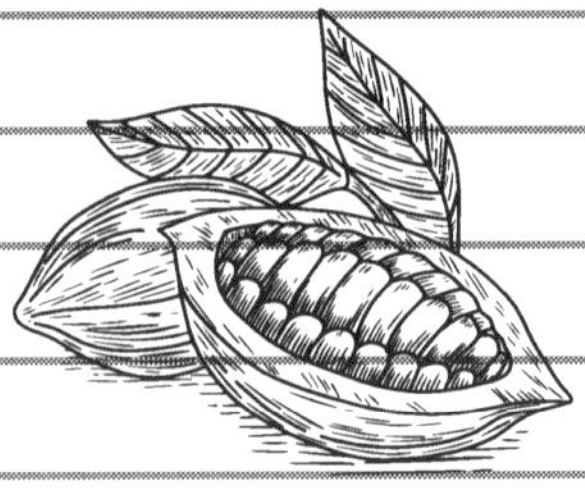

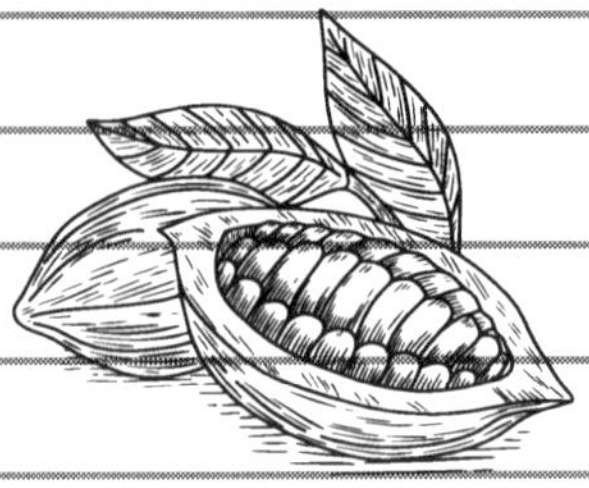

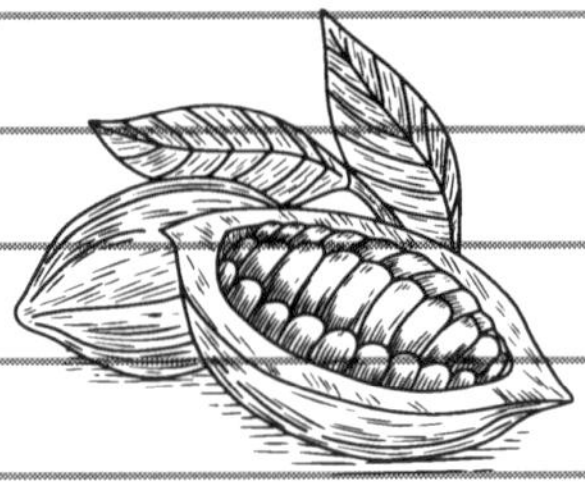

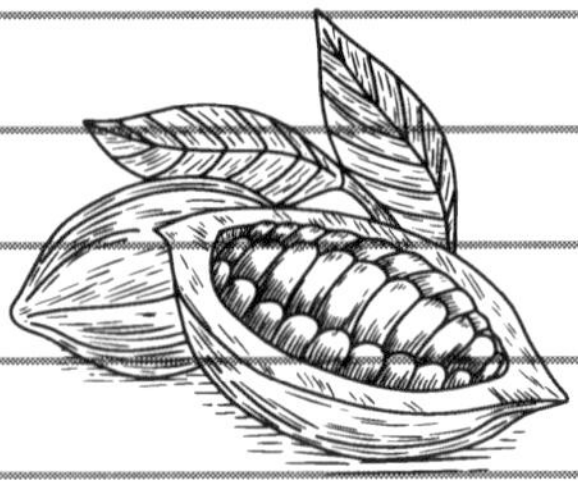

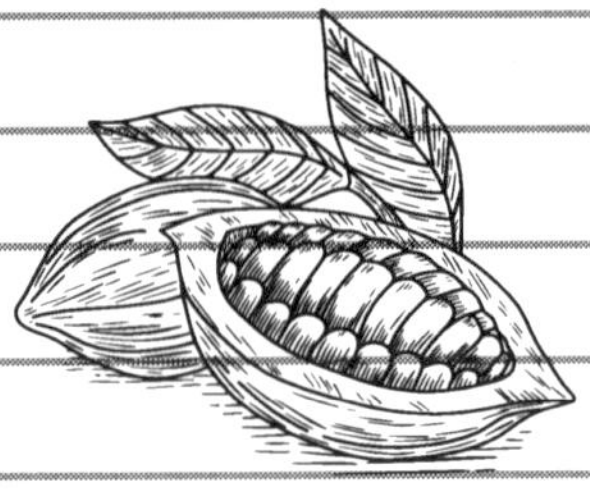

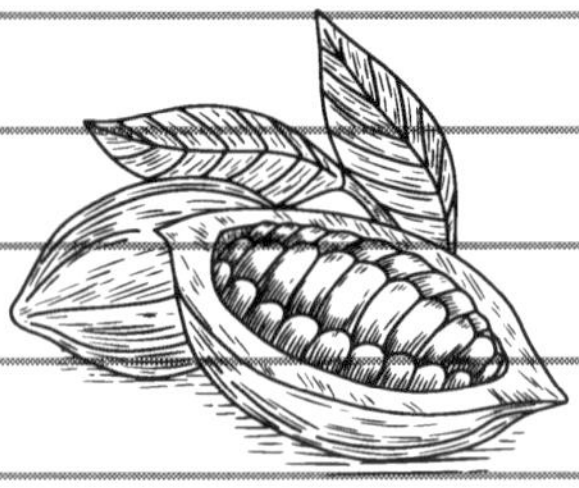

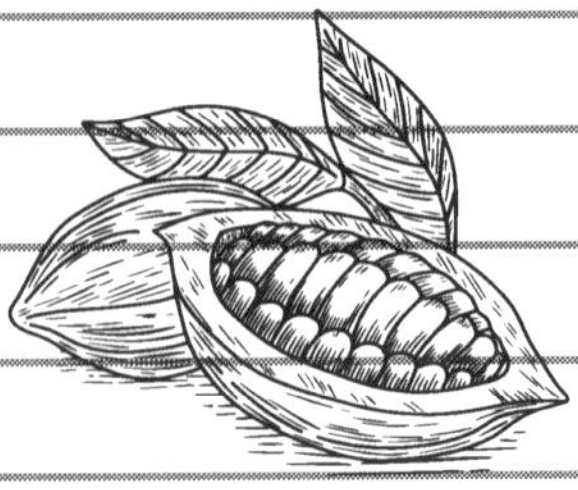

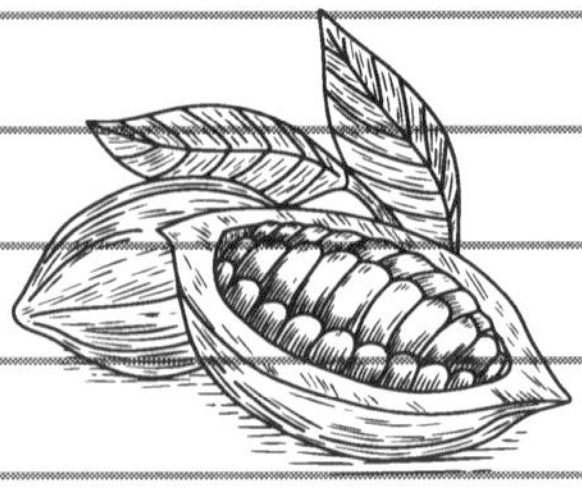

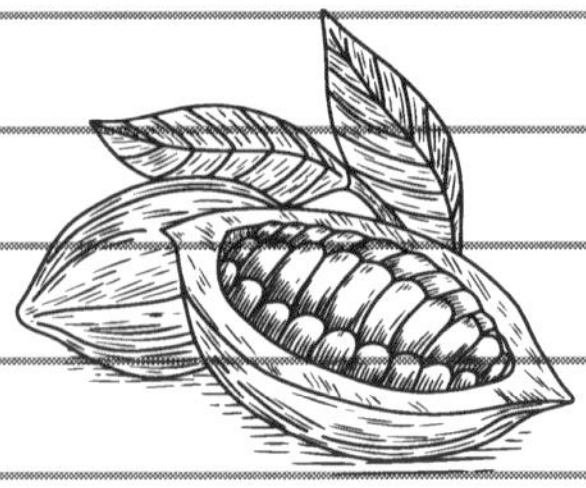

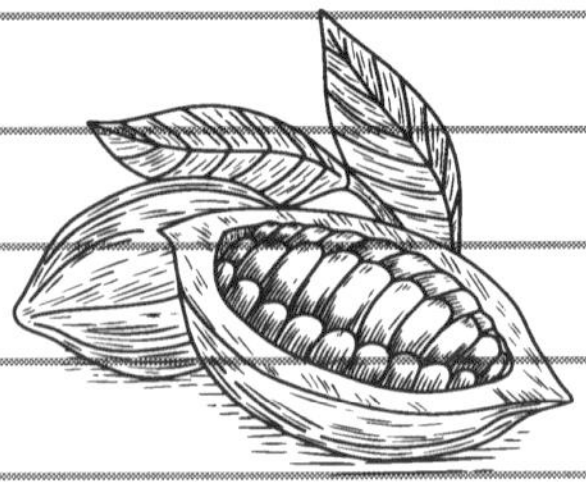

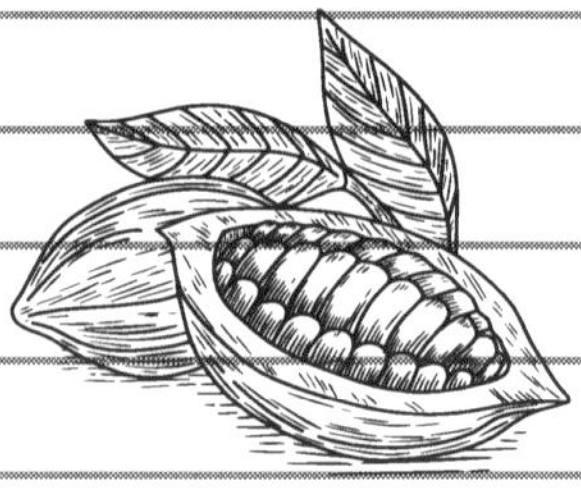

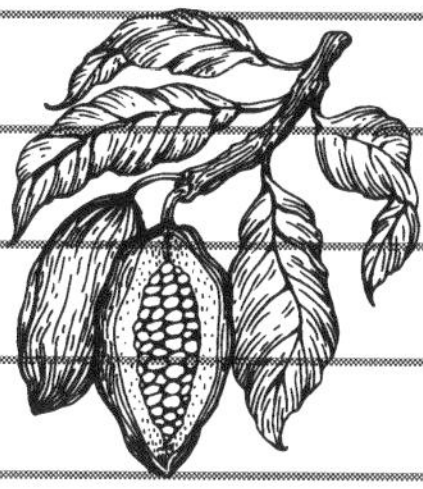

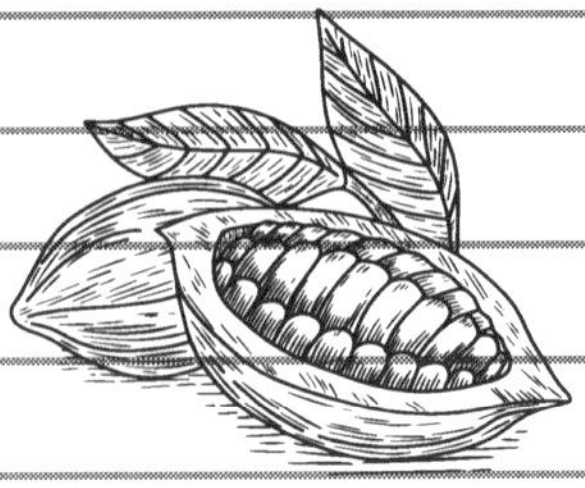

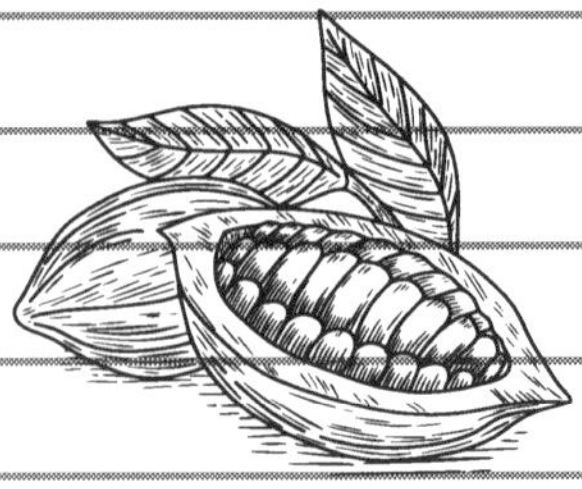

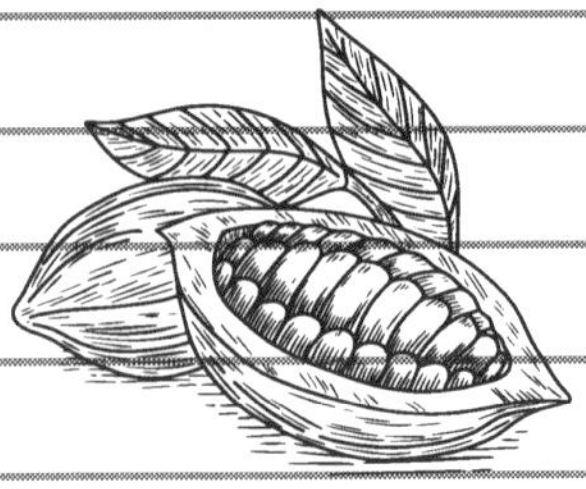

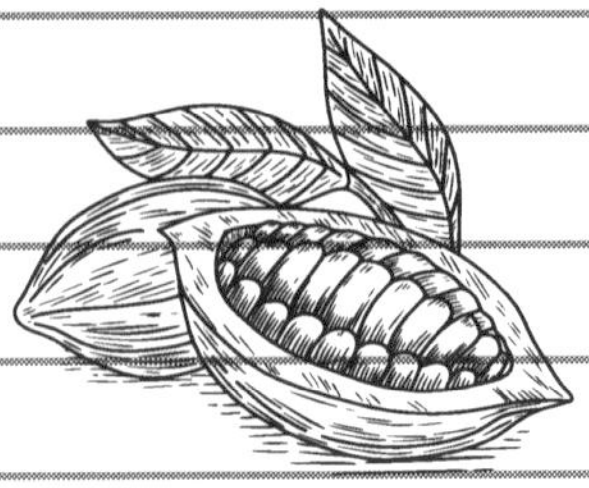

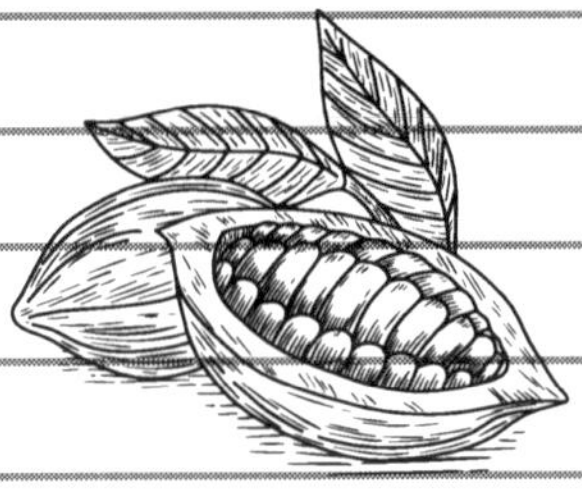

Made in the USA
Monee, IL
04 November 2026

67375777R00072